This book is much like my pick 3 circle book but gives you numbers to play by the month of the year. Each year you play the set that comes out in the month that your in. You will have some direct hits and indirect hits .

THE MONTH OF
January

010 313 625 937

013 325 637 949

025 337 649 961

037 349 661 973

049 361 673 985

061 373 685 997

073 385 697

085 397 709

097 409 721

109 421 733

121	433	745
133	445	757
145	457	769
157	469	781
169	481	793
181	493	805
193	505	817
205	517	829
217	529	841
229	541	853
241	553	865
253	565	877
265	577	889
277	589	901
289	601	913
301	613	925

The month of February

020 302 602 902

014 314 614 914

026 326 626 926

038 338 638 938

050 350 650 950

062 362 662 962

074 374 674 974

086 386 686 986

098 398 698 998

110 410 710

122 422 722

134 434 734

146 446 746

158 458 758

170 470 770

182 482 782

194 494 794

206 506 806

218 518 818

230 530 830

242 542 842

254 554 854
266 566 866

278 578 878

290 590 890

The month of
MARCH

030 303 603 903

015 315 615 915

027 327 627 927

039 339 639 939

051 351 651 951

063 363 663 963

075 375 675 975

087 387 687 987

099 399 699 999

111 411 711

123 423 723

135 435 735

147 447 747

159 459 759

171 471 771

183 483 783

195 495 795

207 507 807

219 519 819

231 531 831

243 543 843

255 555 855

267 567 867

279 579 879

291 591 891

The month of April

040 304 604 904

016 316 616 916

028 328 628 928

004 340 640 940

052 352 652 952

064 364 664 964

076 376 676 976

088 388 688 988

100 400 700 000

112 412 712

124 424 724

136 436 736

148 448 748

160 460 760

172 472 772

184 484 784

196 496 796

208 508 808

220 520 820

232 532 832

244 544 844

256 556 856

268 568 868

280 580 880

292 592 892

The month of
May

005 305 605 905

017 317 617 917

029 329 629 929

041 341 641 941

053 353 653 953

065 365 665 965

077 377 677 977

089 389 689 989

113 413 713

125 425 725

149 449 749

161 461 761

173 473 773

185 485 785

197 497 797

209 509 809

221 521 821

233 533 833

245 545 845

257 557 857

269 569 869

281 581 881

293 593 893

006 306 606 906

018 318 618 918

030 330 630 930

042 342 642 942

054 354 654 954

066 366 666 966

078 378 678 978

090 390 690 990

102 402 702

114 414 714

126 426 726

138 438 738

150 450 750

162 462 762

174 474 774

186 486 786

198 498 798

210 510 810

222 522 822

234 534 834

246 546 846

258 558 858
270 570 870

282 582 882

294 594 894

007 307 607 907

019 319 619 919

031 331 631 931

043 343 643 943

055 355 655 955
067 367 667 967

079 379 679 979

091 391 691 991

103 403 703

115 415 715

127 427 727

139 439 739

151 451 751

163 463 763

175 475 775

187 487 787

199 499 799

211 511 811

223 523 823

235 535 835

247 547 847

259 559 859

271 571 871

283 583 883

295 595 895

THE MONTH OF
AUGUST

008 320 620 920

002 332 632 932

032 344 644 944

044 356 656 956

056 386 668 968

068 380 680 980

080 392 692 992

092 404 704

104 416 716

116 428 728

128 440 740

140 452 752

152 464 764

164 476 776

176 488 788

188 500 800

200 512 812

212 524 824

224 536 836

236 548 848

248 560 860

260 572 872

272 584 884

284 596 896

296 608 908

308

THE MONTH OF
September

009 321 633 945

021 333 645 957

033 345 657 969

045 357 669 981

057 369 681 993

069 381 693

081 393 705

093 405 717

105 417 729

117 429 741

129 441 753

141 453 756

153 456 777

165 477 789

177 489 801

189 501 813

201 513 825

213 525 837

225 537 849

237 549 861

249 561 873

261 573 885

273 585 897

285 597 909

297 609 921

309 621 933

THE MONTH OF

010 310 610 910

022 322 622 922

034 334 634 934

046 346 646 946

058 358 658 958

070 370 670 970

082 382 682 982

094 394 694 994

106 406 706
118 418 718

130 430 730

142 442 742

154 454 754

166 466 766

178 478 778

190 490 790

202 502 802

214 514 814

226 526 826

238 538 838

250 550 850

262 562 862

274 574 874

286 586 886

298 598 989

The Month of November

011 311 611 911

023 323 623 923

035 335 635 935

047 347 647 947

059 359 659 959

071 371 671 971

083 383 683 983

095   395   695   995

107   407   707

119   419   719

131   413   731

143   443   743

155   455   755

167   467   767

179   479   779

191   491   791

203   503   803

215   515   815

227   527   827

239   539   839

251   551   851

263   563   863

275   575   875

287 587   887

299 599   899

012	312	612	912
024	324	624	924
036	336	636	936
048	348	648	948
060	360	660	960
072	372	672	972
084	384	684	984
096	396	696	996
108	408	708	
120	420	720	
132	432	732	
144	444	744	
156	456	756	
168	468	786	
180	480	780	
192	492	792	
204	504	804	
216	516	816	

228 528 828

240 540 840

252 552 852

264 564 864

276 576 876

288 588 888

300 600 900

www.ingramcontent.com/pod-product-compliance
Lightning Source LLC
Chambersburg PA
CBHW072034230526
45468CB00021B/1802